Guía de introducción a la impresión en 3D

Introducción a la impresión en 3D para ayudarlo a obtener ingresos pasivos en su negocio

Jeff Heldrich

Tabla de contenido

Introducción:
Beneficios de la fabricación en 3D

¿Qué es exactamente la impresión 3D y cuál es la exageración al respecto? La impresión 3D se describe como el proceso de fabricación totalmente automatizado de sólidos tridimensionales a partir de una imagen o modelo digital. También se conoce como fabricación de escritorio o fabricación aditiva. Es un proceso de creación de prototipos mediante el cual se crea un objeto real a partir de un diseño en 3D. La impresión 3D ha despertado un gran interés en el dominio público, debido a los últimos desarrollos y al rumor creado por las redes sociales. Promete una revolución en el futuro previsible en los campos de la fabricación, ya que ofrece una amplia variedad de productos manufacturados, incluidos accesorios, artefactos, joyas, miembros artificiales, prototipos para la fabricación de vehículos y un cada vez más grande ramo de productos.

Las impresoras 3D, que son esencialmente los fabricantes de los productos, pueden crear elementos muy rápidamente, desde un diseño o archivo digital hasta el objeto real. Esto significa que la velocidad de fabricación tradicional por unidad se reduce enormemente con la impresión 3D, y por lo tanto, es posible una producción más rápida de unidades.

Reducción de desperdicio de materiales

La fabricación tradicional es lenta y derrochadora. Sin embargo, con la impresión en 3D, solo los productos que se venden deben fabricarse, por lo tanto, no hay desperdicio, no se almacena en un depósito y por lo tanto, se reduce el costo de producción.

Creación de trabajos

Los ingenieros son necesarios para diseñar y construir impresoras 3D. Se creará una demanda para que los técnicos realicen el mantenimiento, supervisen el uso y reparen las impresoras 3D, de esta forma aumentarán las oportunidades de empleo.

Innovación en el desarrollo de productos

Algunos de los productos innovadores que 3D Printing pretende diseñar en un futuro próximo, incluyen órganos humanos como el corazón, los pulmones o el hígado.

Los cuales tendrán una probabilidad bastante baja de rechazo de donantes, ya que los órganos se fabricarán utilizando el ADN único de los pacientes.

Obstáculos en la impresión 3D

Costos prohibitivos

Actualmente, las impresoras 3D están limitadas por el tamaño de los productos que pueden crear. La mayoría de las impresoras 3D capaces de diseñar impresiones de tamaño natural, todavía son propiedad de grandes organizaciones. Las pequeñas impresoras 3D de bricolaje se mejoran continuamente, incluso a medida que se desarrollan nuevos métodos de fabricación. Aunque en última instancia, los artículos de gran tamaño, como casas y edificios, se pueden crear con impresoras 3D.

Materiales limitados

Actualmente, las impresoras 3D solo fabrican productos de una gama limitada de materiales, como polímeros, ciertos metales y cerámicas. El uso de una mezcla de materiales y tecnología, como placas de circuitos, todavía está en desarrollo.

Copyright de la tecnología

A medida que la impresión 3D va incrementando su reconocimiento, la fabricación de material con derechos de autor para crear artículos falsificados puede volverse más común y casi imposible de regular.

Problema de desechos industriales

Generación de residuos con el aumento de impresoras 3D incluso en el hogar: uno de los peligros de las impresoras 3D es que se utilizarán para crear más artículos contaminantes que son perjudiciales para el medio ambiente. Afortunadamente, existen nuevos métodos de reciclaje automático de objetos fabricados por impresoras 3D que prometen un mejor reciclaje en el futuro.

La tecnología de impresión 3D promueve la personalización masiva de productos y evita la tecnología de fabricación tradicional y obsoleta. Con la implementación de la impresión 3D, como con todas las nuevas tecnologías, es inevitable que se pierdan los trabajos de fabricación que implican el trabajo manual, lo que a su vez puede conducir a la pérdida de trabajos. Esto puede tener un gran impacto en las economías de las repúblicas del tercer mundo, específicamente en África, que se estima principalmente que dependen de un gran número de empleos de baja calificación.

La impresión 3D trae consigo ventajas, y representa un gran logro para la humanidad al llevar a cabo la siguiente fase de la industrialización tecnológica. Anuncia el comienzo de una nueva era en la que los productos manufacturados serán significativamente más baratos y se fabricarán más rápido que nunca; sin embargo, las desventajas de la impresión en 3D deben ser consideradas y estudiadas a profundidad sobre todo en sus primeros años, para ser mejor comprendidas y mitigadas.

¿Cómo funciona la impresión 3D?

Hay varias formas de implementar la impresión 3D, una de ellas es la impresión 3D directa. En su mayoría, la impresión Direct 3D utiliza la tecnología de inyección de tinta, similar a la impresión en 2D desarrollada en la década de 1960. Tiene una similitud con la impresora de chorro de tinta 2-D, ya que se observa que en una impresora 3D (aunque no necesariamente), la tinta se dispensa a través de boquillas que se mueven hacia adelante y hacia atrás, otorgando un fluido. Sin embargo, en la impresión 3D, las boquillas o la superficie de impresión se mueven hacia arriba y hacia abajo para permitir que múltiples capas de material cubran la misma superficie. Además, estas impresoras usan ceras gruesas y polímeros plásticos, que se solidifican para formar una nueva sección transversal del sólido objeto 3D. El producto final de Direct 3D es un modelo o producto con altura, anchura y profundidad perceptible, a diferencia de la impresión bidimensional. Todo esto proviene de un archivo digital en la computadora que representa el modelo diseñado por el software CAD.

La impresión 3D de Binder utiliza inyectores de tinta para aplicar el fluido de una nueva capa, similar a la impresión 3D directa. A diferencia de la impresión directa, la impresión de encuadernación también utiliza dos cosas distintas que se unen para formar una capa impresa: un polvo fino y seco más un adhesivo fluido o pegamento que se conoce como aglutinante. Las impresoras Binder 3D generalmente hacen dos pasadas mientras imprimen para construir cada capa distinta. En la primera pasada, se suministra una fina capa del material en polvo, y la segunda pasada usa las toberas para agregar el aglutinante. Luego, la plataforma de construcción se baja ligeramente para acomodar una nueva capa de polvo, y todo el proceso se repite hasta la finalización del modelo. El proceso 3DP de MIT usa este enfoque de enlace.

La impresión 3D de Binder tiene algunas ventajas sobre la impresión 3D directa. Se considera expectativa, ya que se aplica menos cantidad de material a través de las boquillas que en el caso de la impresión 3D directa, por lo que se reduce el tiempo de finalización de un proceso de principio a fin. En segundo lugar, puede incorporar una variedad más amplia de materiales de origen en el proceso, incluidos metales, cerámicas y pigmentos. Por lo tanto, demuestra que puede crear una gama más amplia de impresiones y producir más productos compuestos.

Otro método de impresión 3D es el Modelado de Deposición Fundida (FDM). Fused Deposition Modeling (FDM) es un enfoque de fabricación aditiva que tiene una similitud con la impresión 3D directa. FDM puede crear objetos con características tan pequeñas como una fracción de milímetro. Este es el método de impresión 3D más utilizado según livescience.com. También se está convirtiendo en el método de impresión 3D más rápido y rentable. Fue inventado en la década de 1980. El co-fundador y presidente de Stratasys, Ltd fue Scott Crump, un fabricante líder de impresoras 3D. FDM 3DP ahora tiene una marca registrada bajo Stratasys, Inc. y funciona insertando plástico fluido en líneas muy compactas, usando boquillas muy pequeñas.

El material de impresión más ampliamente reconocido para FDM es el acrilonitrilo butadieno estireno o ABS. Este es un termoplástico típico que se utiliza para fabricar una gran cantidad de artículos básicos para el comprador, por ejemplo: bloques LEGO. Con la utilización de ABS, algunas máquinas FDM también imprimen en diferentes termoplásticos, como policarbonato (PC) o polieterimida (PEI). Los materiales reforzados son típicamente cera soluble en agua o termoplásticos débiles, como polifenilsulfona (PPSF).

Foto polimerización y sinterización

La polimerización de fotografías es una tecnología de impresión 3D mediante la cual las gotas de un plástico líquido se exponen a un rayo láser de luz ultravioleta. El haz de luz de alta energía convierte el líquido en un sólido, de ahí el término fotopolimerización. El polímero es una de las composiciones multifacéticas de los constituyentes de plástico, con características deseables para el fabricante de impresión 3D.

SLA usa foto-polimerización; un fotopolímero dirige un láser a través de una cubeta de plástico líquido. En la impresión 3D de inyección de tinta, SLA experimenta la reiteración de este procedimiento capa por capa hasta que se realiza la impresión.

La sinterización es una innovación en la fabricación de impresiones 3D/sustancias añadidas, que incluye la licuefacción y fusión de partículas para imprimir cada área transversal progresiva de un artículo. La sinterización láser específica (SLS) es una manifestación de la sinterización utilizada como parte de la impresión 3D, en esta estrategia se utiliza un láser para suavizar un polvo plástico resistente al fuego, que cambia su estado a una estructura fuerte para mostrar la impresión. Este se parece al componente detrás de las impresoras 2-D: suavizan el tóner con el objetivo de que se adhiera al papel y haga la imagen.

La sinterización se puede utilizar para la construcción de artículos metálicos, sobre la base de que el ensamblaje de metal con regularidad obliga a algún tipo de remodelación y licuación. El caso más común del uso delmetal como una sustitución de material de sinterización, es un elemento llamado metal LaserForm A6 de 3D Systems. Los artículos hechos por LaserForm A6, tienen algunos puntos focales sobre los artículos de metal hechos por diferentes medios.

A pesar del enfoque que utiliza una impresora 3D, el procedimiento general de impresión es prácticamente el mismo. En su libro "Tecnologías de fabricación aditiva: Prototipado rápido para fabricación digital directa", Iaan Gibbson, Brent y David W. Rosen registran los siguientes pasos básicos.. Stucker registra los ocho pasos que lo acompañan en la metodologíade AM:

Paso 1: CAD mm Produce el modelo 3D utilizando un la programación de contorno (CAD) en la PC. El producto también emite señales sobre la verticalidad auxiliar que se espera en el artículo terminado, y utiliza información exploratoria sobre los materiales utilizados para hacer recreaciones virtuales de cómo actuará el artículo en las condiciones dadas.

Paso 2: Conversión a STL. La conversión del CAD que atrae al dialecto de teselación estándar, es una configuración de documento creada para 3D Systems en 1987, con el objetivo de emplear la utilización de su dispositivo de estereolitografía conocido como máquinas (SLA). Todas las impresoras 3D supuestamente utilizan registros STL junto con algunos tipos de registros restrictivos, por ejemplo, ZPR de Z Corporation y ObjDF de Objet Geometries.

Paso 3: Transferencia a AM Machine y STL File Manipulation. El cliente duplica el documento STL producido por CAD al ordenador que controla la impresora 3D. El cliente luego asigna el tamaño e introducción para imprimir; más o menos como lo haría con una impresora de escritorio común.

Paso 4: Configuración de la máquina. Cada máquina tiene sus propios recursos para prepararse para otro trabajo de impresión. Estos son los siguientes rellenos de folios, polímeros y diferentes utilidades que la impresora utilizará.

Paso 5: Construir. Dejar que la máquina ejecute la ocupación; la metodología de ensamblaje está básicamente programada. Cada capa suele tener un grosor de alrededor de 0,1 mm, pero puede ser un tanto o más delgada o más gruesa dependiendo del tamaño del modelo, la impresora 3D y los materiales utilizados. Este procedimiento puede durar un tiempo considerable o incluso días a la plena realización. Deberá hacer una escucha electrónica en la máquina de forma intermitente para verificar que no haya fallas.

Paso 6: Eliminación. Sacar el artículo impreso de la impresora 3D. Las protecciones de seguridad, por ejemplo, el uso de guantes es importante para resguardarse de las superficies calientes o los productos químicos letales y para evitar daños en general.

Paso 7: Post-transformación. Muchas impresoras 3D requieren algunos mecanismos/post-manejo para el artículo impreso. Para desarraigar los residuos de agua y solventes, incorpore la eliminación de cualquier polvo exorbitante o el lavado de la impresa en agua. Este paso puede tener una impresión débil y impotente, ya que algunos materiales necesitan tiempo para protegerse, por lo que se debe tener cuidado de garantizar que no se rompa ni se desintegre.

Paso 8: la aplicación debe utilizar elementos recientemente distribuidos.
Estos pasos son los procedimientos básicos para crear una impresión desde su etapa ideológica hasta la realización de un objeto tridimensional para un cliente.

¿Es rentable la impresión 3D?

La impresión 3D se está expandiendo rápidamente, y como resultado, muchas innovaciones surgen en esta tecnología para permitirle satisfacer las necesidades de los clientes/consumidores.

La impresión 3D ha crecido a un ritmo muy alto, con estadísticas recientes que muestran que esta compite estrechamente con la fabricación tradicional. Con opciones inteligentes, puede beneficiarse de la revolución de la impresión en 3D que está cambiando lentamente el modelo comercial tradicional con muchas ventajas, como la eliminación de fábricas tradicionales, el reclutamiento en impresión 3D y fabricación, el diseño independiente, la consulta y el producto, ventas, etc. Esto hace que aventurarse en la impresión 3D sea oportuno en este momento para que pueda ponerse en línea y de esa forma adquirir los numerosos beneficios de la industria.

Aunque crear ideas vendibles puede ser un desafío al principio, hay foros en línea donde uno puede preparar ideas para discutir modificaciones y herramientas. Allí puede consultar, aprender y obtener más información sobre impresión 3D de expertos ya establecidos, esto de forma gratuita, y posteriormente proceder a probar su idoneidad en grupos en línea.

Actualmente, es posible que no necesite comprar equipos para imprimir, ya que hay propietarios de impresoras 3D que, a través de Internet, le permitirán enviarles su diseño, estos van a proceder a fabricarlo e imprimirlo y le cobrarán una tarifa de envío de la impresión final. Esto puede ser especialmente asequible como una nueva empresa, y aumentará su confianza a medida que cada idea se convierta en un producto terminado. Mientras tanto, las ideas son tan únicas como que cada ser humano tiene su propio ingenio, pensamientos e ideas. Puede crear su propio nicho y comenzar una empresa rentable a través de diseños simples. Si desea pasar a diseñar las ideas que tiene y quizás no tenga conocimientos previos de diseño, de nuevo puede encontrar muchos diseñadores independientes que por una tarifa acordada, convertirán su idea en un modelo sin perder el tiempo. Esto le ahorrará tiempo, que puede usar para crear nuevas ideas y quizás un software de diseño más complejo, también le ahorrará el tiempo de aprendizaje y el costo del software real.

A continuación hay una breve guía sobre cómo puede obtener un punto de apoyo en todas las áreas potencialmente rentables de la impresión 3D:

Puede comenzar suministrando Impresoras 3D y Brindando Servicios de Impresión. Vender impresoras 3D es un método seguro que puede usar para obtener una buena ganancia de la revolución de la impresión 3D. La tecnología de impresión 3D actualmente es bastante popular. Hay mucha gente pensando en comprar sus propias impresoras 3D, lo que significa que, básicamente, alguien tiene que entrar y llenar este vacío ya que hay un mercado preparado para impresoras 3D. Eso está haciendo que las corporaciones prefieran 3D Structures, y Stratasys progresivamente famoso y lucrativo. El costo de las impresoras 3D ha disminuido gradualmente, y las impresoras 3D se han vuelto asequibles tanto para los usuarios, como para los fanáticos 3D. La impresora 3D está ahora, más que nunca, haciéndose accesible para los consumidores. Esta es una razón sólida por la cual uno debe aventurarse en las ventas de impresoras 3D.

La provisión de servicios de impresión a los clientes puede ser muy rentable. Muchas impresoras 3D son razonables, y la mayoría de las impresoras cuestan alrededor de $2500 o más. Puede comenzar su propio negocio de impresión simplemente comprando su propia impresora.

Venta de productos personalizados

Hay una amplia variedad de productos y pertenencias de consumo de impresión 3D, por ejemplo; estatuillas, porta llaves, pulseras, cajas de vigilancia y bolsas de teléfonos inteligentes, entre otros. Todo lo que se necesita es imaginación y creatividad para planificar, imprimir y vender sus productos modificados personales y exclusivos. La impresión 3D puede impulsarlo a ser un empresario "que trabaja desde su casa" simplemente diseñando un producto original y único que luego puede comercializarse.

Venta de suministros de impresión 3D y software

Debido a la gran cantidad de personas que desean poseer y usar impresoras 3D, puede obtener ingresos mediante la venta de suministros de impresora 3D. Los suministros para impresoras 3D pueden incluir cartuchos de impresora 3D para Graphene y pigmentos para materiales de impresión 3D.

Proporcionar diseños 3D en línea

Si tiene talento en diseño profesional, puede vender diseños 3D y modelos en línea que le brindarán una vía para beneficiarse de la revolución de la impresión en 3D. Estas habilidades también se proporcionan en línea y usted puede dominar el software de diseño fácil de usar y comenzar a proporcionar servicios de diseño de modelos para clientes que pueden tener ideas pero que carecen de los conocimientos técnicos para implementarlas. Los exclusivos diseños que haya creado, realmente pueden mejorar su perfil como diseñador si los publica en su página de redes sociales. Puede hacer una promoción en línea al compartir enlaces de sitios con amigos y colegas, diciéndoles que contribuyan a la difusión de algunos de geniales diseños 3D a través de su sitio web. Siempre que sus modelos sean impactantes y cautivadores, no es difícil encontrar personas que estén dispuestas a comprar su trabajo. Con la gran cantidad de aficionados al 3D que carecen de los recursos suficientes para diseñar por sí mismos, comprar diseños 3D es fácil y simple.

Servicios de reparación de impresoras

Al igual que cualquier otra máquina, los servicios de soporte son cruciales para que las impresoras 3D realicen los servicios de reparación o mantenimiento requeridos. Si puede adquirir las habilidades necesarias para hacer frente al mantenimiento y las reparaciones de las impresoras 3D, puede ingresar al mercado rentable de los servicios de Impresora 3D. Su función consistirá esencialmente en solucionar los problemas de la impresora 3D. Con solo las habilidades básicas, podría establecer su negocio y anunciar en línea para llegar a sus clientes. Hay foros en línea sobre consejos y preguntas frecuentes sobre impresión 3D que puede aprovechar para descubrir consejos invaluables sobre esta temática y otras cosas que pueden conducir a una mejor experiencia del consumidor. Comenzará a atraer tráfico a su sitio web y pronto la gente acudirá a usted en busca de sus servicios.

Invertir en empresas 3D

Por último, pero de alguna manera, puede beneficiarse de la revolución de la impresión en 3D invirtiendo en empresas líderes en 3D. Puede comprar acciones de empresas bien establecidas como Stratasys, Organovo o 3D Systems.

Lo que vende

Para entrar en el negocio 3D, necesitará saber cuáles son los productos más vendidos en este ámbito. A continuación se muestra una lista de los productos de más rápido movimiento de algunos de los principales puntos de venta de impresión 3D.

El maletín Moto 360 Bumper

Este es un diseño brillante que emana simplicidad, para los que buscan un reloj inteligente y de un moderno diseño: el Moto 360. La carcasa del paragolpes se utiliza para proteger el reloj de golpes mecánicos. Se eleva 1,5 mm sobre el vidrio frontal, para proteger el reloj en todos los lados del desgaste. Se ajusta como un guante en la esfera del reloj y no interfiere con el micrófono o el botón de la corona. Está diseñado para acomodar el muelle de carga. Es el artículo número uno porque viene en una variedad de colores.

El soporte cardánico GoPro H3

Esta es una versión modificada del soporte sin tornillos para GoPro Zenmuse. También proporciona soporte sin tornillos, ya que permite una fácil conexión y desconexión del clip. Se vende a $11.79.

FitBit Flex

El FitBit Flex es una pulsera que guarda los detalles de tus actividades de trote o seguimiento, como la cantidad de pasos que tomas, la distancia que pasas en cuánto tiempo, la cantidad de calorías quemadas y la calidad del sueño; y puede hacerlo sin generar ruido, evitando despertar a su usuario a un estado de vigilia. Se vende a $8.99.

El proyector estereográfico cuadriculado

Este es un objeto esférico que está a la venta en el sitio web de Shapeways. Cuando se ilumina la luz directamente sobre la esfera, proyecta un diseño de cuadrícula sobre la superficie. La impresión 3D con diseño esférico se puede comprar en 7 opciones de color diferentes por solo $17.00.

Estuche Nightscout Dexcom-Moto G

Esta funda para teléfono Moto G impresa en 3D, permite la conexión de una glucosa Dexcom G4, es en realidad el receptor del monitor lo que hace que el dispositivo sea fácil de usar y menos oneroso. Tiene un costo de $60.

Estos son solo una muestra de los productos más vendidos que se enumeran en el sitio web Shapeways.com, que también incluye descripciones detalladas de los productos. Los productos son simples pero únicos y están cuidadosamente diseñados para llamar la atención del consumidor y mostrar la efectividad de la simplicidad de venta. Pero nadie puede negar el hecho de que cuanto más práctica y singularmente estética sea la aplicación de la impresión en 3D, más fácil será la venta. Esto significa que cualquier persona que cuente con alguna idea artística puede comenzar a explorar el mercado de la impresión 3D con una gran posibilidad de éxito basada en su propia maestría y originalidad.

¿Cuáles son las promesas de la impresión 3D a largo plazo?

Las promesas de la impresión 3D para el futuro de la industria manufacturera, la construcción, la sanidad, la educación e incluso el comercio, se están estudiando e investigando actualmente, ya que la tecnología continúa siendo adoptada en todos los sectores antes mencionados. El desarrollo actual de la impresión 3D es solo la punta del meseta en lo que respecta al potencial que la tecnología de impresión 3D tiene para ofrecer. Me esforzaré por enumerar algunos de los que actualmente está buscando el jugador principal en todos los sectores de la economía.

Pequeña fabricación por lotes

Este es uno de los objetivos futuristas que ya ha sido alcanzado hasta cierto punto. Con el crecimiento de la impresión 3D en el hogar, la fabricación de lotes pequeños se está realizando en este momento, aunque a una escala reducida. Una vez que los precios de las impresoras 3D de tecnología media a alta se reduzcan según lo proyectado, y los materiales y la impresora estén disponibles, esto se logrará de manera mucho más amplia.

La ventaja de esto es que la impresión 3D socava diferentes leyes de equilibrio, y la reducción de la producción de residuos en el sector de fabricación. Esto tiene la doble ventaja de la asequibilidad y por lo tanto la comerciabilidad del producto final, además el respeto al medio ambiente debido a la producción limitada de desechos.

Bioimpresión

La impresión en 3D promete crear productos de cuidado de la salud en el futuro, incluidos los riñones, injertos de piel vivos, prótesis avanzadas e implantes dentales. Existe una gran expectativa sobre el potencial de la impresión 3D para realizar la producción de estos órganos.

Hay serios desafíos que enfrentan los investigadores cuando intentan entrar en el campo de la bioimpresión. La investigación está en marcha para lograr esto en el futuro cercano. Sería un gran avance para la humanidad si se pudieran imprimir órganos vivos que pudieran reproducir la durabilidad y la capacidad de recuperación de los órganos humanos naturales.

DIY/Open Source Revolution

Actualmente en el mercado, el número de impresoras 3D es muy bajo. Su capacidad también es relativamente limitada en términos de la precisión y la cantidad de materiales que se pueden imprimir. Sin embargo, existe el potencial para el descubrimiento continuo de técnicas más precisas y una variedad más amplia de materiales imprimibles. Esta es la promesa que es una función de tiempo y recursos. Lo bueno es que las innovaciones tecnológicas avanzan rápidamente a diario. Compare esto con las primeras computadoras con transistores de tubo vacío del tamaño de una sala, solo hace 30-35 años que se han convertido en los teléfonos inteligentes de hoy en día con alta capacidad de procesamiento. Esta es una promesa que se acerca cada vez más a la realidad con cada día que pasa.

Comida imprimible

Esta es una promesa que tiene muchos desafíos en la realización, pero al igual que la bio-impresión, puede tener enormes beneficios si se logra. Actualmente, la tecnología está restringida a productos de confitería y pastelería. Si los alimentos saludables, al igual que las barras de proteínas y las píldoras de vitaminas, podrían imprimirse en impresoras 3D, el costo de la nutrición y la atención médica podría reducirse significativamente. Las ganancias potenciales no son difíciles de ver y de hecho, esto sigue siendo una promesa muy cargada.

¿Qué equipo se necesita?

El requisito para la impresión 3D es muy simple y mínimo, esa trata del catalizador de propagación clave para la impresión en 3D basada en el hogar que está ganando rápidamente popularidad como empresa de nueva creación.

Para empezar, necesitará una computadora de escritorio cargada con el software de aplicación informática Computer Aided Design (CAD) que le permitirá crear/desarrollar. Cualquier cosa fabricada en los últimos 3 años será capaz de manejar los requisitos del programa CAD y no se requerirá capacidad de procesamiento adicional a menos que se guíe por los requisitos de instalación.

En segundo lugar, necesitará una impresora real en la que tenga en cuenta la producción del producto en lugar de solo el servicio de impresión en 3D. El equipo puede venir ensamblado o en forma de componente. Si no está ensamblado, deberá ensamblarlo según el manual de instrucciones para prepararse para la operación. A veces, la impresora viene con el material de impresión en un solo paquete. Si el material no está incluido, puede que tenga que obtenerlo por separado. Lo mejor es asegurarse que está adquiriendo la impresora 3D, así como lo que incluye en el paquete y lo que no.

En tercer lugar, tendrá una conexión a Internet, ya sea a través de un módem por cable, un módem inalámbrico o solo Wi-Fi que conecte su computadora a Internet y también vincule su computadora a la impresora 3D. La conexión a internet es vital, ya que es posible que deba hacer la impresión 3D como un servicio y los clientes deberán comunicarse con usted en línea.

Por último, pero no menos importante, es el equipo de protección electrónica normal y la fuente de alimentación ilimitada (UPS). Esto es útil cuando se producen bajones de electricidad y apagones. El proceso de impresión 3D requiere que la fuente de alimentación no se interrumpa. Eso resume la facilidad de configuración del equipo de impresión 3D y la configuración de su negocio.

Elegir la impresora adecuada para su presupuesto

Para el negocio de puesta en marcha en impresión en 3D, es fundamental obtener la máquina adecuada para su empresa de interés. Hay varias marcas disponibles actualmente y la elección dependerá estrictamente de su presupuesto. Aunque las impresoras 3D y el material de impresión son caros, el costo ha disminuido mucho en los últimos años. A continuación se muestra una lista que contiene una variedad de impresoras y sus precios actuales.

La impresora 3D Buccaneer Cloud anunciada como un éxito para Kickstarter, la primera impresora 3D se vendió por $350. El objetivo del fabricante era hacer que la impresora 3D fuera la impresora 3D innovadora, económica y de manejo más fácil del mercado.

El Buccaneer está diseñado para configurarse fácilmente y listo para imprimir desde la caja, se controla con los botones del mouse para manipular y diseñar objetos básicos de la manera que desee. Al finalizar, puede compartir su imagen con sus amigos en línea o enviarla directamente a la impresora 3D The Buccaneer y esperar mientras se realiza.

Las impresoras RepRapare 3D son relativamente económicas y están disponibles en versiones que varían en precio desde aproximadamente $700 a $1100. Es una impresora 3D de propósito general, única con capacidades autorreplicantes.

Muchas de sus partes están hechas de plástico y RepRap imprime esas partes. RepRap puede fabricar su propia copia haciendo las piezas plásticas de las que está compuesta. La impresora le permite fabricar muchos artículos útiles además de sus propios componentes.

La impresora Cube 3D es una impresora amigable para el consumidor que está disponible en una amplia variedad de colores. Es fácil de usar, lo que significa que está especialmente diseñada para ser fácil de configurar desde la caja. Puede conectar su computadora de escritorio al Cube a través de Wi-Fi. Está valorada en $1300, es más costosa que la RepRap, pero tiene una calidad de salida superior.

La Up! Esta impresora 3D no es tiene mucha diferencia a Cube, ya que su fabricante se propuso hacer las impresiones en 3D a las masas con funciones fáciles de usar. Cuesta $1000. Una versión más alta llamada Up Plus y Up Plus 2 se puede comprar por $1600 y $1800 respectivamente.

Makerbot Replicator es una impresora 3D que puede imprimir rápidamente objetos de alta resolución en una variedad de colores, y puede producir componentes interconectados y objetos en movimiento. Una más pequeña cuesta $2200, mientras que la más grande cuesta $6499.

Está impulsado por la nueva y comprensible plataforma de impresión 3D MakerBot Replicator, tiene incluida la aplicación y la nube. La impresora 3D también es compatible con Wi-Fi, USB y

Ethernet, lo que garantiza un flujo de trabajo de fabricación unificado. El diseñador puede incluso acceder al Replicador Makerbot con la tecnología de red mencionada anteriormente, para conectarse, ver y controlar de forma remota.

El CubeX es fabricado por los fabricantes del Cube. Su funcionalidad es imprimir modelos gigantes con resolución máxima e incluso hacer piezas calificadas. Produce varias impresiones de varios elementos sobre una sola superficie. Diferentes colores y plásticos de diferentes calidades hechos al mismo tiempo se vendieron por $2,500 dolares Americanos.

El Printrbot es una impresora 3D con alta capacidad y es generalmente para las impresoras que se entregan a la impresión 3D como un hobby. También es adecuado para una empresa de impresión 3D principiante y se puede comprar completamente ensamblado o en kits de componentes que luego puede armar usted mismo. El Printrbot ensamblado cuesta alrededor de $399 a $699; y de $259 a $299 para la versión desmontada.

Las anteriores son algunas de las impresoras 3D comercializadas de forma destacada, pero la lista no es exhaustiva. Hay otros modelos de impresoras 3D por ahí. Dependiendo del presupuesto que tenga para su empresa de impresión en 3D, podrá seleccionar entre las impresoras 3D disponibles que mejor se adapten a su negocio.

Visualice y dibuje su proyecto

El éxito o fracaso de un proyecto está determinado por la planificación. Deberá crear un plan sólido para su proyecto antes de emprender cualquier actividad en el mismo. Para una puesta en marcha, esto puede ser difícil, especialmente porque el empresario de la impresora 3D está ansioso por sumergirse de cabeza en el negocio real. Es crucial hacer las cosas bien teniendo un plan que funcione y revise, que monitoree el uso de los recursos vitales y el tiempo. A continuación, se muestra un enfoque simple y práctico y el ejercicio crucial de la planificación de proyectos.

Objetivos del proyecto

El primer paso de cualquier proyecto es establecer objetivos. Estos objetivos están guiados por lo que necesita conocer como parte interesada para declarar el proyecto como un éxito. Para empezar, identifique a los interesados del proyecto. Es difícil reconocerlos, especialmente aquellos a quienes el proyecto impactará indirectamente. Estos suelen ser los patrocinadores, los clientes que recibirán el producto de Impresión en 3D y los usuarios de los productos del proyecto. Por último, pero no menos importante, es el equipo con el que se está comprometiendo, si es que tiene alguno, para lograr los objetivos. En caso de que usted sea el único patrocinador y, por lo tanto, el interesado del proyecto, puede proceder a enumerar sus necesidades. Si no está convencido de que el proyecto le reportará los beneficios deseados, elimínelo.

El siguiente paso, una vez que haya registrado una lista completa de necesidades, será priorizarlas. De la lista de prioridades, elija y clasifique los objetivos que pueden medirse fácilmente. Aquí es donde entra en juego el principio SMART. De esta forma, usted puede saber fácilmente cuándo se ha alcanzado un objetivo. Una vez que finalice los objetivos, estos deben ser la parte activa de su plan de proyecto. Esta es la parte más difícil del proceso de planificación completado. A continuación están los entregables del proyecto.

Establecer los entregables del proyecto

Con los objetivos que hizo anteriormente, debe generar una lista de las cosas que el proyecto debe proporcionar para que los objetivos se cumplan. Incluya la etapa de entrega y el modo de cada elemento en la lista. Ahora incorpore estos entregables en el plan con la fecha de entrega prevista. Las fechas de entrega más precisas se pueden ajustar durante la fase de programación, que sigue en consecuencia.

Borrador del cronograma del proyecto

Se debe crear una lista de tareas que deben llevarse a cabo para cada entregable identificado anteriormente. Esto debe hacerse de la mano con el establecimiento del tiempo necesario para completar la tarea. Una vez establecido, puede calcular el esfuerzo requerido para cada entregable y una fecha de entrega precisa. Revise el segmento de entregas para obtener las mejores tasas de entrega de su elección.

Tendrá que usar un paquete de software para programar eventos en esta etapa de planificación. Microsoft Project es una herramienta recomendada debido a su utilidad. También puede optar por utilizar una de las muchas plantillas gratuitas disponibles en Internet. Todo lo que tiene que hacer ahora es conectar los detalles de todos los entregables, las tareas que va a realizar, el tiempo de trabajo y los enfoques necesarios para completar cada tarea.

Puede experimentar desafíos para cumplir con el cronograma. Esto puede ser ocasionado por la entrega retrasada debido a deficiencias en las habilidades y retrasos en la adquisición y envío de equipos. Cabe destacar que el cronograma del proyecto debe guiarlo para ajustar la fecha de entrega debido a factores imprevistos.

Planes de apoyo

El proceso de planificación facilitado por esta sección trata de los planes que debe crear como parte del plan general. Puede agregarlos fácilmente a su proyecto.

Plan de recursos humanos

Una vez más, Usted es totalmente responsable del proyecto a menos que contrate a alguien para que lo asista en el negocio. Por motivos de registro, puede delinear sus roles y responsabilidades a medida que avanza el proyecto. También calcule las fechas de inicio del recurso, la duración estimada y el método que usará para obtenerlas. Cree una sola hoja que contenga esta información.

Plan de gestión de Riesgos. Tenga un plan de gestión de riesgos para identificar tantos riesgos para su proyecto como sea posible, y esté preparado si sucede algo malo. Hay muchos riesgos, a continuación algunos:

- o Esperanza sobre la estimación de tiempo y costo
- o Capital inadecuado
- o Fluctuaciones de precios inesperadas, especialmente de materiales y equipos para impresión en 3D
- o Las solicitudes de las partes interesadas se apartan de los requisitos inicialmente descritos cuando se dio inicio al proyecto
- o Nuevos requisitos que surgen después de que el proyecto ha comenzado, por ejemplo: regulaciones y licencias

Al crear un registro de riesgos, estos se pueden rastrear y administrar mediante acciones planificadas previamente, a su vez dichas acciones se pueden tomar cuando los riesgos ocurren nuevamente y así generar pasos para evitar que se repitan. Este registro de riesgos debe revisarse periódicamente durante el proyecto y todos los riesgos identificados deben abordarse cuando ocurran.

Al seguir los pasos anteriores, estará en el buen camino para lograr los objetivos de su proyecto de impresión 3D y se dará cuenta del final en ausencia de una calamidad. Es aconsejable actualizar constantemente su plan a medida que avanza el proyecto y medir sus logros frente a los resultados previstos.

Conviértase usted mismo en un Diseñador 3D

Cada vez es más asequible unirse al creciente número de emprendedores 3D, ya que los fabricantes continúan produciendo impresoras 3D nuevas, económicas y fáciles de usar. Los creadores de las impresoras 3D RepRap tenían en mente el aspecto de asequibilidad y la facilidad de configuración de sus impresoras 3D para popularizarlas. Aunque las impresoras 3D son fáciles de acceder y usar a través de una conexión a una computadora de escritorio, un usuario puede necesitar diseñar y crear modelos más atractivos para el mercado. También es posible que necesiten unirse a grupos en línea que están ganando popularidad, como algún foro para el intercambio de ideas y plataformas de preguntas frecuentes sobre los diversos desafíos que puede enfrentar la puesta en marcha individual.

Estos foros de fabricantes de impresoras 3D presentan a los auténticos fabricantes quienes los utilizan para responder a las preguntas de sus clientes y posibles clientes. También se juntan como fabricantes para abordar barreras comunes como las leyes de derechos de autor y la legislación relativa al uso de los materiales para la fabricación, así como su impacto ambiental.

Este puede ser un buen lugar para comenzar como diseñador de bricolaje; conocer a los líderes de la industria y las revisiones de cada fabricante, además de su participación en el mercado. Esto lo ayudará a obtener una idea del tipo de soporte disponible para la impresora 3D particular que desea utilizar. Una vez que haya establecido el producto que desea usar, querrá visitar los sitios relevantes.

¿Qué habilidades necesita saber?

Necesitará conocimiento de informática básica para empezar. Esto es para que pueda usar el software de impresión DIY 3D, con el fin de practicar y desarrollar diseños y modelos para imprimir. Puede visitar foros que se basan en el diseño independiente para la impresión en 3D, lo cual puede ayudarlo a obtener las últimas y más relevantes habilidades que se requieren en el mercado.

¿Qué recursos se requieren?

Primero tendrá que tener acceso a una computadora de escritorio o cualquier dispositivo portátil que le permita manipular un diseño en un modelo imprimible en 3D.

También puede requerir un escáner que pueda tener una vista en 360 ° de un objeto que desea replicar.

Necesitará un software de Diseño asistido por computadora (CAD). Hay algunas versiones de software gratuitas que son muy fáciles de usar y que también están disponibles en Google, también hay una versión profesional/comercial de software CAD con la cuales posible que necesite capacitación para obtener buenos resultados y así adquirir competencia en el mercado.

Acceso a Internet

Internet le permitirá acceder a foros en línea a través de los cuales recibirá órdenes de trabajo y asistencia basada en la web. También utilizará internet como su principal herramienta de marketing una vez que se haga experto en el diseño de impresión 3D.

¿Dónde puede capacitarse?

Se puede acceder a la capacitación formalmente en las universidades de tecnología, pero de manera informal, los foros en línea para diseñadores de impresión 3D lo guiarán a tutoriales y programas de prueba para situarse dentro de la competencia. También hay tutoriales gratuitos que se pueden descargar en Google e Internet en general.

Encuentre Freelancers Diseñadores 3D

Hay muchos sitios web en Internet que enumeran a los diseñadores de impresión 3D que ofrecen su servicio, pero básicamente todos dan los mismos parámetros para la inclusión de estos diseñadores. En esencia, hay tres detalles vitales que determinan cómo los profesionales independientes del diseño 3D se acercarán al trabajo. Estos son los siguientes.

Claridad sobre lo que se requiere del diseñador

Es vital ser muy específico sobre el producto final deseado. Mientras más claro sea usted al explicar lo que necesita, es más probable que el diseñador lo comprenda desde el primer momento. Apoyar su idea con bocetos, fotos, recortes de revistas e incluso capturas de pantalla de los elementos que le gustan, es realmente útil para comunicar lo que desea como resultado final. Cosas como el estilo, la textura final, las dimensiones y los materiales que se utilizarán también serán de gran ayuda para garantizar que obtenga la impresión 3D correcta.

Comunicación

Los diseñadores son guiados en su naturaleza creativa que da vida a las ideas a través de la eficacia. Para que esto ocurra, debe haber una comunicación abierta y frecuente para garantizar que el diseñador tenga una comprensión clara de sus requisitos, y usted tenga conocimiento de su calendario. Debería hacerle tantas preguntas como quiera que especifique. En todo momento debe ser educado y honesto para obtener el mejor servicio. Use un lenguaje positivo que destaque lo que desea y describa de manera eficiente lo que le gusta y el resultado que necesita. También se recomienda encarecidamente utilizar un lenguaje descriptivo tanto como sea posible y evitar declaraciones minimalistas. En la comunicación, también es vital expresar los términos del compromiso para que ninguna de las partes tenga sorpresas en el medio del trabajo. Lo mejor es tener un acuerdo formal en el registro al que ambas partes deban dar su consentimiento para que el diseñador 3D se ponga en marcha. Este acuerdo también debe reflejar el cronograma para la entrega del producto y el costo.

Costo

El costo del trabajo dependerá de ciertos factores, que se enumeran a continuación.

Tiempo y trabajo

Los trabajos grandes y altamente detallados requieren más tiempo y requieren más mano de obra, por lo tanto, una mayor implicación en los costos. ¿El producto final será un producto terminado o un archivo 3D? Si solo necesita una imagen de diseño para imprimir, será mucho más económico, a diferencia de si necesita imprimir el modelo de diseño debido al costo de los materiales.

Diseño exclusivo

Para un artículo único, pagará más en comparación a un artículo común debido a la energía creativa que implica dar vida a su idea. Similitud del elemento. Lo mejor es mirar el costo de artículos similares antes de contratar al diseñador para tener una idea del rango de precios.

Estas tres C, tal como se describen en el blog de diseñadores independientes de Shapeways 3D, lo guiarán cuando necesite contratar un diseñador 3D.

Comercializando su impresión 3D

Con el fin de llegar con éxito a la audiencia más amplia posible, debe adoptar el poder de Internet. Le ofrece innumerables ventajas en la publicidad gratuita y premium que simplemente no se puede lograr a través de ningún otro medio. Internet también es interactivo, de comunicación instantánea y ofrece una gran cantidad de servicios profesionales que podrían ayudar a su empresa de impresión en 3D a prosperar. Por lo tanto, es muy importante explotar Internet de la mejor manera posible para obtener grandes beneficios de su enorme potencial. Las siguientes son pautas sobre cómo puede aprovechar este poderoso medio.

¿Cuál es su lugar?

Debe identificar a sus clientes, identificar lo que quieren, cuáles son sus modos de pensar y lo que es más importante, sus tendencias de compra. Es posible que deba investigar más a fondo a sus clientes previstos para aprender cómo integrarlos y hacer que compren sus productos o servicios.

¿Cuál es el plan de marketing?

Un plan de marketing le ayuda a diseñar y ejecutar estrategias sólidas para aumentar su visibilidad y accesibilidad a sus clientes previstos. También le ayuda a monitorear el éxito de la estrategia adoptada y finalmente a evaluar su progreso. Debe resaltar todos los objetivos mensurables y establecer hitos que le darán una indicación de hacia dónde se dirige como emprendedor.

¿Se ha aventurado en las redes sociales?

Las redes sociales son un aliado cada vez más poderoso para las empresas anunciadas en Internet que se pueden aprovechar para su comercialización, inicialmente a un círculo de colegas y confidentes y luego a su círculo de influencia: amigos de amigos con un gran potencial para obtener ganancias debido al gran volumen de ventas. Puede crear una página publicitaria de sus servicios y hacer que los clientes den testimonios que en sí mismos, serán un poderoso argumento de venta, además de los gráficos en su página que catalogan sus productos. Una vez que conozca a su audiencia, debe replicar su perfil en Facebook, Twitter, LinkedIn y otros para llegar a la mayor audiencia posible donde se encuentren sus clientes.

¿Tiene un sitio web profesional habilitado para SEO y SEM?

Un sitio web profesional constituye el punto de entrada en el mercado de Internet y es la cara de su negocio de impresión 3D antes de que los clientes lo conozcan. Debe tener una interfaz sencilla de navegar que permita comentarios y preguntas frecuentes para que sus clientes puedan interactuar con usted y familiarizarse con sus productos. El sitio web tiene un valor incalculable para su estrategia de marketing, y la habilitación de las funciones de optimización de motor de búsqueda le garantizará obtener más visitas en cualquier momento que soliciten información en un motor de búsqueda sobre su producto. Deberá tener el sitio web diseñado por un profesional para que las funciones de SEM y SEO estén presentes.

¿Conoces el email marketing?

Esta es una herramienta de marketing altamente efectiva y en gran medida económica que ayudará a lograr su estrategia de marketing empresarial. Es mucho más fácil enviar correos promocionales a su red de clientes establecidos, que enviar correos electrónicos, y definitivamente es más rentable.

Otros factores críticos que puede necesitar considerar son sus competidores; saber qué estrategias están funcionando para ellos y la herramienta de análisis de mercado que están implementando para mantenerse en la vanguardia.

En resumen, la clave para vender su negocio de impresión 3D radica en abrazar las estrategias de marketing comprobadas, que aprovechan todo el potencial de Internet.

Medios de comunicación social

El marketing digital ha experimentado un aumento meteórico en los últimos años, y esto ha influido en la decisión de muchas empresas de aprovechar las redes sociales para promocionar sus productos y servicios a clientes potenciales y existentes. Las redes sociales más populares son Facebook, Twitter, YouTube y LinkedIn, que son muy utilizadas por muchas empresas para publicidad, interacción, encuestas, comentarios e infografía general. Esta es, por mucho, la herramienta de marketing más popular en comparación con los líderes publicitarios hasta ahora, los medios de comunicación. Estas son las ventajas básicas que se pueden obtener generando publicidad de su impresión 3D en las redes sociales.

Las redes sociales tienen una gran audiencia

Los anuncios en sitios web, periódicos, TV o revistas suelen tener un acceso limitado y, en muchos casos, pueden estar sujetos a la suscripción. En contraste, los sitios de redes sociales les brindan a los propietarios de negocios de impresión 3D acceso a una gran audiencia que puede elegir "me gusta" o "seguir" a su empresa y sus actualizaciones. Estas características, especialmente en Facebook y Twitter, fomentan la publicidad a través de sus pares, donde las personas con vínculos a un individuo pueden ver sus gustos de la siguiente manera y también pueden seguir su ejemplo. Los usuarios estimados de Facebook son 750 millones. Los usuarios de LinkedIn suman alrededor de 120 millones, y YouTube tiene alrededor de 3 mil millones, los videos de YouTube se ven diariamente. Esto puede presentar un espacio de clientela ilimitada para cualquier empresario de impresión en 3D y darle una buena oportunidad de llegar a dichos clientes a escala global.

Las redes sociales llaman la atención en tiempo real

Anuncios en publicaciones periódicas, diarios, revistas e incluso a veces la televisión tardan un poco en llegar a la audiencia prevista. Este no es el caso con las redes sociales. Puede realizar una promoción social de sus eventos tan pronto como finalice los planes, y las redes sociales lo anunciarán de inmediato. Las redes sociales les dan a los propietarios de negocios de impresión 3D la capacidad de expandir su alcance con la ayuda de publicaciones de blog, la introducción de consejos e ideas y la entrega de cupones y concursos para involucrar a personas de todo el mundo.

Aumenta el tráfico a tu sitio web

A veces, debido a la logística de SEO, el tráfico dirigido a su sitio web puede ser bajo y el marketing en redes sociales puede ser el vehículo para aumentar el número de personas que visitan su sitio, así como el tiempo que permanecen en él y alentarlos a seguir viniendo. Puede utilizar la promoción de medios sociales para aumentar su tráfico web publicando enlaces a productos y servicios que ofrece en su sitio web. También puede mantenerse conectado con los seguidores de su blog.

Publicidad que es interactiva

Es posible que desee realizar periódicamente una encuesta para averiguar qué producto en particular favorece a sus clientes, o para solicitar a los clientes que se suscriban a su nuevo catálogo de correo electrónico con sus últimas impresiones en 3D. Todo esto es posible a través de las redes sociales. Te permite interactuar a través de mensajes, chat e incluso foros. Incluso puede realizar una pregunta y ver qué tan rápido sus fanáticos y seguidores se comunican para darle respuestas. Los clientes pueden incluso dejar mensajes en su página si tienen un problema de servicio al cliente. El marketing en redes sociales ayuda a proporcionar interacción con clientes y negocios en línea. Las redes sociales también te brindan la oportunidad de interactuar con otros empresarios y líderes de la industria de ideas afines, en grupos en línea formados a través de las redes sociales. La información que recibe puede ayudarlo a mejorar la forma en que administra, opera, comercializa o financia su negocio de impresión 3D.

El medio es asequible

Mientras que los métodos tradicionales de publicidad como promociones de televisión y radio, pancartas, folletos, pósters, así como la participación en eventos promocionales; pueden requerir una gran proporción del costo de funcionamiento del negocio de impresión 3D, es gratis para las empresas suscribirse a redes sociales populares. Las redes sociales son la manera de hacer clientes leales y una forma asequible de promocionar sus productos y servicios.

Los clientes sienten que tienen una forma de acceder a usted si tienen preguntas, y sienten que realmente se preocupan por sus opiniones. De hecho, se convierten en su verdadero cliente. El mercadeo en redes sociales lo ayuda a involucrar a los clientes y lograr establecer relaciones a largo plazo. Cuando publica cualquier actualización, video, promoción o venta, responden con entusiasmo y muestran su interés. Las redes sociales son, por lo tanto, un componente vital de la publicidad para cualquier persona que quiera aventurarse en la impresión 3D.

Comenzar un sitio web

¿Crear su propio sitio web es la forma de comercializar sus productos y servicios de impresión en 3D? Bueno, para empezar, un sitio web es una forma de publicitar sus productos y servicios de impresión 3D en la biblioteca más visitada del mundo: ¡la World Wide Web! Tiene tres ventajas particularmente vitales para su negocio.

Es un método rentable de hacer negocios

Supongamos que tiene un presupuesto de marketing limitado, la publicidad en su propio sitio es un medio de marketing de bajo costo. Usted es libre de determinar los materiales en su sitio, los colores, las imágenes y las frases de captura que aparecen en su sitio web, lo que le proporciona la libertad de creatividad y propiedad exclusiva. Solo debe pagarle al proveedor del servidor de alojamiento por su sitio y al equipo de mantenimiento si no lo está manteniendo usted mismo. Estos tipos normalmente son pagados periódicamente y los costos son manejables.

Posibilidad de aumentar su visibilidad para nuevos clientes

La publicidad en la web aumenta considerablemente la conciencia de su empresa y llega a un conjunto completamente nuevo de clientes potenciales. Las personas que quizás ni siquiera conozcan su ubicación minorista pueden convertirse en ardientes compradores en línea que disfrutan de las compras en su sitio web. Una forma efectiva y saludable de garantizar un seguimiento leal y satisfecho puede ser, por ejemplo, ofrecer a estas personas tarjetas de descuento. Esto contribuirá en gran medida a alentar a sus clientes en la tienda a visitar su sitio web, lo que aumentará sustancialmente las ventas. Esto es lo que debe buscar como una empresa de nueva creación o incluso como una empresa establecida: para salvaguardar la importantísima línea de fondo.

Los sitios web proporcionan un toque personal a su negocio de impresión 3D.

Normalmente, Internet se siente como un lugar muy impersonal, pero tener un sitio web puede ser una forma de que los clientes conozcan un poco acerca de usted y le envíen sus comentarios. Una vez que establezca los mecanismos de retroalimentación en su sitio como un espacio de contacto y una columna de comentarios, puede mantenerse en contacto y, lo que es más importante, sintonizar con las necesidades de los clientes. Algunos compradores navegan por la web para investigar un producto que están considerando comprar. Su sitio web puede proporcionar detalles acerca de lo que trata y su catálogo de productos. A menudo es bueno encontrar testimonios de clientes satisfechos y conocer el rostro detrás del sitio web y el negocio a través de la sección denominado Acerca de nosotros.

Aunque un sitio web tiene estas tres innegablemente poderosas ventajas, es fundamental tener todos los ingredientes correctos en el sitio web para que sea efectivo e impactante. Debería tener las siguientes cualidades.

El sitio web debe centrarse en la usabilidad en lugar de la belleza. La belleza no siempre se traduce en ventas. La prioridad es mantener un sitio web que le muestre a los visitantes o clientes su negocio principal en Impresión 3D y facilite las consultas y compras con información completa sobre los productos/servicios que ofrece.

Debería ser fácil navegar desde su mapa del sitio, a través de enlaces e imágenes. Es una buena práctica utilizar tecnologías que no provoquen problemas de accesibilidad en las distintas plataformas de navegadoción disponibles. Los medios flash y los scripts de Java pueden causar estos problemas; use HTML ya que todos los navegadores lo muestran fácilmente.

A veces puede haber demasiado desorden en un sitio web debido a un desarrollador excesivamente celoso. Es una buena práctica mantener el mínimo uso de audio y video. Siempre asegúrese de usar archivos comprimidos y fáciles de cargar como regla. Los archivos más grandes pueden ralentizar la velocidad de carga del sitio, y los visitantes intolerantes a menudo abandonan los sitios lentos. Asegúrese de obtener un diseñador gráfico experto para producir un encabezado llamativo para el sitio. Por lo general, es la primera "impresión" que verán sus visitantes y por lo tanto, debe ser impactante.

También ayudará inmensamente usar titulares potentes para su sitio

Cuando el poderoso titular se acompaña de imágenes complementarias, tienen el efecto deseado de captar y mantener la atención del visitante el tiempo suficiente para registrar el interés y actuar sobre la información, ya sea investigando más a fondo o tomando una decisión de compra.

La publicidad en un sitio web es una buena forma de transmitir el mensaje sobre su negocio en 3D, y potenciará su negocio dentro de su localidad y más allá. Aunque los puntos que he descrito mejoran su perfil para su cliente potencial, la adición de las funciones de optimización del motor de búsqueda también aumentará la visibilidad y atraerá a más clientes, con el creciente número de negocios en el área de la impresión en 3D.

Una de las mayores promesas de la impresión 3D es el campo en constante expansión para el que se puede aplicar prácticamente a una población diversa de consumidores.

Desde modelos de ingeniería para el desarrollo de prototipos rápidos, hasta modelos dentales, prótesis para amputados, fabricación de adornos e incluso fabricación de juguetes, más usuarios y consumidores participan en la revolución de la impresión en 3D a medida que adquieren mayor relevancia en sus vidas. Ahora más que nunca, hay sitios a través de los cuales una persona puede contratar a un diseñador, enviarle su idea y tener un modelo funcional diseñado por una tarifa. Esto significa que incluso las personas que nunca entran en contacto con una impresora 3D están en condiciones de influir en un diseño a su gusto y hacer que la impresión 3D sea aún más popular.

Según los analistas de Juniper Research, en su nuevo informe Consumer 3D Printing & Scanning: las ventas de impresoras 3D de consumo aumentarán a más de un millón de unidades para el año 2018, según el documento, de un poco más de 44.000 este año. Eso marca un crecimiento exponencial de la demanda y también la disponibilidad del producto a partir del aumento en el número de Unidades 3D.

El autor del informe Nitin Bhas dijo que sensibilizar al público y educarlos sobre la idea de la creación de objetos cotidianos a través de la impresión en 3D será importante para garantizar que tenga éxito a largo plazo. Señaló que las aplicaciones novedosas y revolucionarias y el contenido creativo darían ímpetu a la revolución 3D, ayudándolo a crear productos personalizados hechos a la medida para el gusto personal que aún no están en el mercado.

La industria automotriz requiere en gran medida la creación de prototipos como base para modelar nuevas versiones o nuevos modelos de automóviles para adaptarse a los tiempos. Básicamente producen tantos prototipos como diseños autorizados. La impresión 3D hace que la producción de prototipos sea fácil, más rentable y más rápida de producir. La industria de vehículos de motor también requiere la fabricación en masa de componentes, piezas y accesorios del vehículo, y todos estos se crean fácilmente a través de la impresión 3D.

Con la ayuda de la impresión 3D, los fabricantes pueden consolidar muchos componentes en una sola pieza compleja, ahorrando tiempo y materiales, ya que la impresión 3D también evita el desperdicio de las materias primas utilizadas, a diferencia de los métodos utilizados anteriormente. También reduce la cantidad de desechos del diseño defectuoso, ya que es un proceso de fabricación más preciso guiado por el software CAD. Además, la impresión 3D también se puede utilizar en herramientas de producción y puede producir resultados más precisos con el uso de una forma de prototipado rápido y pruebas aceptables.

En la industria aeroespacial, la impresión 3D se está volviendo indispensable

Ahora las partes complejas que hasta ahora eran imposibles de fabricar a través de métodostradicionales, son considerablemente más fáciles de crear, más aún con las partes que tienen diseños geométricos complejos. Con la impresión en 3D, el uso de compuestos, polímeros y otros, las propiedades del material del producto aeroespacial pueden variar en densidad, resistencia a la tracción y otras propiedades del material para producir el resultado deseado.

En las industrias farmacéutica y sanitaria, el uso de la impresión 3D ha mejorado la creación de modelos educativos anatómicos del cuerpo humano que han ayudado a comprender el funcionamiento del mismo y las funciones precisas de cada parte. Mediante el uso de imágenes digitales de escaneos CAT y ultrasonidos, los programas de CAD han sido capaces de modelar los órganos que están bajo observación para ayudar a los médicos y cirujanos a recomendar la cirugía o el tratamiento quirúrgico y la terapia de forma más apropiada.

Con la impresión 3D, se han desarrollado implantes ortopédicos y prótesis, que se adaptan a las necesidades de cada paciente en particular. Esto ha llevado a un aumento en la efectividad de estas extremidades artificiales al aumentar su idoneidad y mejor ajuste.

La industria minorista y comercial no se ha quedado fuera de la cuota de mercado creada por la introducción de la impresión 3D en la fabricación de productos de consumo.

Ahora los fabricantes de juguetes pueden crear juguetes personalizados

Las joyas se pueden imprimir directamente a través de la impresión en 3D sin pasar por el riguroso proceso de herramientas que puede afectar el precio de las joyas.

Los juegos de mesa como el ajedrez y los borradores ahora se pueden crear para adaptarse a diferentes públicos y sus preferencias en el arte o el simbolismo a través de las formas únicas que se pueden lograr mediante la impresión 3D.

Otra revolución minorista es el nuevo espectro completo de decoraciones para el hogar, desde plantas artificiales hasta macetas de plantas en miniatura, artefactos independientes tridimensionales, tazas, jarrones, etc. La impresión 3D lo ha hecho posible. Los diseños son tan únicos como un cada ser humano.

La impresión 3D también afectará en gran medida la forma en que abordamos la fabricación de equipos deportivos. 3D será realmente fenomenal en la fabricación de artículos como calzado deportivo, pelotas de deporte, trofeos y más. Esto realmente muestra la capacidad del equipo de impresión al crear geometría y formas complejas que no son posibles con la fabricación tradicional. Las formas geométricas y las formas artísticas solo se limitan a la imaginación del fabricante y al límite de la capacidad de la impresora 3D. Este no era el caso anteriormente, donde el molde y el material serían los únicos determinantes.

Fabricación de equipos de protección de seguridad de un ajuste exacto

La impresión 3D también le ha permitido al fabricante crear un guante que se ajusta con mayor precisión, un par de gafas, un tubo de respiración, etc., donde la tecnología anterior se limitó a la racionalización y el ajuste perfecto. Ahora, las tablas de esquí, monopatines, patines de hielo y otros pueden fabricarse con precisión que permita la maniobrabilidad y la aerodinámica sin comprometer la protección del usuario. Todos estos se crean a partir de la disponibilidad de datos biomecánicos.

"La impresión 3D tiene el potencial de revolucionar la forma en que hacemos casi cualquier cosa".

~ Ex-Presidente Obama

Conclusion

La impresión tridimensional es de hecho el futuro de la fabricación y es la siguiente fase en la evolución del desarrollo de productos personalizados. Lo ha logrado en los pocos años que ha tardado en popularizarse, a pesar de que el costo inicial de la implementación del diseño fue relativamente alto. Sin embargo, los precios de las impresoras 3D han seguido bajando a pesar de que se están desarrollando métodos de fabricación más simples y más rentables para la producción de impresoras 3D de la versión doméstica. Las redes sociales juegan un papel vital en la creación de conciencia tecnológica y el interés público en la impresión 3D, por lo que el futuro se ve brillante para todos los que están pensando en aventurarse en esta línea de fabricación. Las oportunidades empresariales para los amantes de la aventura de bricolaje se amplían a diario y ofrecen infinitas posibilidades. Esta tecnología que gana reconocimiento y satisfacción, influirá enormemente en la manera en que vemos, pensamos, abordamos y enfrentamos los problemas mundiales actuales y futuros. La tecnología de impresión 3D es verdaderamente revolucionaria.

www.ingramcontent.com/pod-product-compliance
Lightning Source LLC
Chambersburg PA
CBHW070135230526
45472CB00004B/1545